Velber Verlag

Coverfotos: getty-images/DAJ (Hintergrund); Max Kohr

Fotos: Max Kohr: Seite 9, 12, 13, 15, 21, 24, 25, 29, 32, 33, 37, 38, 39, 45, 48, 49, 52, 53, 55, 61, 63, 64, 65; NASA: Seite 66, 67; Christoph Schmotz: Seite 16, 17, 26, 27, 34, 35, 40, 41, 50, 51, 58, 59, 68, 69; www.digitalstock.de: Seite 20, 23; www.istockphoto.com: Seite 8, 10, 11, 18, 22, 28, 30, 31, 36, 42, 43, 44, 46–47, 54, 56–57, 62; www.pixelio.de: Seite 19

Redaktion: Ulrike Berger, Claudia Fahlbusch
Gestaltung und Satz: Petra Kita, Stuttgart
Repro: Meyle+Müller, Pforzheim
Druck: Deaprinting, Novara, Italien

ISBN: 978-3-86613-552-9

SAT.1

clever!

DAS BUCH, DAS WISSEN SCHAFFT

Das Luft-Labor

Wigald Boning
Barbara Eligmann
Ulrike Berger

velber

Inhalt

Frage

Warum fliegt ein Flugzeug?

Was Kinder wissen wollen

Wie kommt das Flugzeug in die Luft?

Wie läuft ein Motor?

Clever ausprobiert

Was ist stärker – Auto oder Flugzeug?

Kann ein Rasenmäher fliegen?

Experimente

Ein flotter Flieger

Ein Fallschirm

Was Kinder wissen wollen

Können Vögel rückwärts fliegen?

Konnten Dinos fliegen?

Wie kommt das Flugzeug in die Luft?

Damit ein Flugzeug fliegen kann, ziehen zwei starke Kräfte an der Maschine: der Vortrieb und der Auftrieb. Für den Vortrieb sind die Motoren verantwortlich. Sie ziehen das Flugzeug nach vorne. Erst wenn ein Flugzeug eine hohe Geschwindigkeit erreicht hat, kommt die zweite Kraft dazu: der Auftrieb.
Dafür sorgen die Flügel. Wenn man sich diese Flügel von der Seite anschaut, dann sind sie unten fast gerade. Aber die Oberseite ist nach oben gewölbt. Bei einer bestimmten Geschwindigkeit des Flugzeugs fließt die Luft so um den Flügel, dass sie über der Tragfläche schneller strömt als unter der Tragfläche. Das führt zu Druckunterschieden und Wirbeln am vorderen Ende der unteren Tragflächen. So entsteht der Auftrieb, der das Flugzeug nach oben zieht.

Wie läuft ein Motor?

Das Wichtigste am Auto ist der Motor. Und der läuft nur dann, wenn es dort explodiert. Zu dieser Explosion kommt es, sobald Benzin mit Luft gemischt wird und Feuer fängt. Im Motor wird der Explosionsdruck wie bei einem Kanonenrohr in eine bestimmte Richtung gelenkt. Und das geht so:
In einem Motor sitzen mehrere sogenannte Zylinder nebeneinander. Sie sind in ihrem Bauch durch eine Kurbel verbunden. In den Zylinderköpfen wird ein bisschen Benzin mit Luft gemischt und von einer Zündkerze angezündet. Durch die Explosion jagt in den Zylindern ein Kolben nach unten. Er bekommt Schwung, schwingt sich wieder nach oben – und dreht dabei die Kurbel im Bauch einmal im Kreis herum. Dann wird neues Benzin hineingespritzt, es wird wieder entzündet und das Ganze beginnt von vorne. So wird die Kurbel bei jeder Explosion eines Zylinders immer wieder angetrieben. Und deswegen „läuft“ der Motor!

Was ist stärker – Auto oder Flugzeug?

Der Alptraum vieler Autofahrer ist die Begegnung mit einem ausgewachsenen Flugzeug. Aber was passiert eigentlich, wenn man mit seinem Fahrzeug in den Triebwerkstrahl eines Jets gerät?

Was passiert, wenn man ein Auto in den Triebwerkstrahl eines Airbus A319 fährt?

a) Das Auto verbrennt.

Durch die enorme Hitze des Triebwerkstrahls wirft der Lack zunächst Blasen, die Reifen fangen an zu brennen, das Glas der Fenster wird fast flüssig und sogar die Karosserie beginnt sich zu verformen. Und schließlich beginnt das Auto zu brennen.

b) Das Auto hebt ab.

Da so ein Flugzeug mehrere Tonnen wiegt, benötigt man auch eine enorme Kraft, um es in die Luft zu bringen. Dieser Kraft kann das Auto nichts entgegensetzen und es wird einfach fortgeweht.

c) Die Turbine stoppt.

Flugzeuge wie der Airbus A319 verfügen über intelligente Turbinen. Diese registrieren, wenn sich ein (großes) Objekt hinter dem Flugzeug befindet, und drosseln automatisch.

Der Versuch

Frühmorgens auf dem Flughafen. Das Testgelände ist in gleißendes Scheinwerferlicht getaucht. Das Flugzeug und unser Testauto, ein Ford Escort, stehen bereit. Die beiden Piloten im Cockpit treffen die letzten Vorbereitungen, die Checkliste wird gecheckt, die Maschine gestartet. Jetzt ist höchste Konzentration gefragt.

▲ Da der Versuch leider nicht direkt im Studio durchgeführt werden konnte – das Flugzeug war einfach ein bisschen zu groß – haben wir zumindest eine Turbine zur Ansicht hineingestellt.

Die Triebwerke werden hochgefahren und leisten volle Kraft. Das Auto wird hinter dem Flugzeug seitlich in den Strahl hineingeschoben. Etwa 20 Meter hinter der Turbine trifft das Kfz die volle Wucht des Strahls: Es wird wie ein Spielzeugauto fortgeweht. Klarer Sieger in diesem ungleichen Duell ist der Flieger durch technisches K. o. **Richtig ist also Antwort b).**

Aber wie kommt's?

Das Auto in unserem Versuch wiegt etwa eine Tonne. Das Flugzeug wiegt etwa 40 Tonnen. Und um diese 40 Tonnen anzutreiben, benötigt man eine unglaublich große Kraft. Denn die Geschwindigkeit, die das Flugzeug zum Abheben benötigt, liegt bei etwa 300 km/h, je nach Startgewicht. Um diese zu erreichen, leistet jedes der beiden Triebwerke ungefähr 15 000 PS, zusammen also etwa 30 000 PS und somit gut 340-mal so viel wie unser Testauto.

Das Flugzeug stößt sich von der Luft ab, die sich hinter ihm befindet. Denn der Antrieb einer Turbine basiert auf dem Rückstoßprinzip. Da die Luft kein besonders dichtes Medium ist, das Flugzeug sich an ihr also nicht so gut abstoßen kann wie beispielsweise ein Schwimmer im Wasser, muss auch der Triebwerkstrahl dementsprechend stark sein. Dabei entstehen unglaubliche Windgeschwindigkeiten. Direkt am Ausgang der Turbine ist die Luft rund 400 Meter pro Sekunde schnell, das entspricht etwa 1500 Kilometer pro Stunde. Und selbst in rund 20 Meter Entfernung von der Turbine – also dort, wo unser Testauto in den Strahl gefahren wurde – hat die Luft noch eine Geschwindigkeit von 400 Kilometern pro Stunde. Dem kann das Auto nun wirklich nichts entgegensetzen.

Luft wird in die Turbine gesaugt, darin zusammengepresst, mit Treibstoff versetzt, dieser wird gezündet und das Ganze breitet sich aus. Mit hohem Druck entweicht die Luft nach hinten, schiebt dadurch den Flieger nach vorne – und Herrn Boning nach hinten.

Kann ein Rasenmäher fliegen?

Herr Boning war kürzlich mal wieder auf dem Modellflugplatz, um eine Parade schöner Flugzeug-Modelle vorzustellen. Um ideale Startbedingungen zu schaffen, musste er zunächst noch den Rasen mähen. Doch der Rasenmäher machte sich selbstständig – und schwebte davon ...

Alles Lüge? Nein! Zumindest der Modellbau-Rasenmäher von Gerald Lehr vom Modellfliegerclub Ostrachtal, der aus der Entfernung einem echten Rasenmäher täuschend ähnlich sieht, erhebt sich in die höchsten Lüfte. Doch warum ist das so? Warum fliegt der Rasenmäher? Ist vielleicht etwas am Boden angebracht?

Was befindet sich am Boden des Rasenmähers?

a) Düsen

Düsen könnten Rückstoß erzeugen und den Rasenmäher wie einen Düsenjet oder eine Rakete antreiben.

b) Rotor

Am Boden befindet sich ein Rotor, der Auftrieb erzeugt, und der Rasenmäher fliegt wie ein umgekehrter Hubschrauber.

c) nichts

Es befindet sich nichts am Boden und der Rasenmäher funktioniert wie ein gewöhnliches Flugzeug.

Antwort a) ist falsch. Düsen sind an dem Modell-Rasenmäher, den wir selbstverständlich genau untersucht haben, keine zu sehen. Natürlich könnte der Rasenmäher theoretisch mit Rückstoß fliegen, tut er aber nicht.

Antwort b) ist genauso falsch. Auch ein Rotor ist am Boden nicht zu sehen. Ob ein Hubschrauber auch fliegen könnte, wenn der Rotor unten wäre, müsste an anderer Stelle noch geklärt werden.

Richtig ist Antwort c)!
Der Boden des Rasenmähers besitzt eine gewölbte Form– genauso wie die Tragfläche eines Flugzeugs. Und so fliegt der Rasenmäher im Prinzip auch wie ein Flugzeug: Wird er am Boden beschleunigt, hebt er bei einer bestimmten Geschwindigkeit ab.

Voraussetzung dafür ist, dass durch die Bewegung der Luftstrom geteilt wird. Dadurch entstehen wiederum Wirbel, die Druckunterschiede ober- und unterhalb des Flügels bewirken, sodass der Rasenmäher nach oben gezogen wird. Das ist das Prinzip des Auftriebs, das auch bewirkt, dass ein Flugzeug fliegt. Der Rasenmäher stellt als Ganzes eine Tragfläche dar.

▲ Was hat er nur, was andere Rasenmäher nicht haben? Herr Boning nimmt das Gerät selbstverständlich gründlich in Augenschein.

▼ Glücklicherweise kann nicht jeder Rasenmäher fliegen – oder wollen Sie beim Mähen vielleicht abheben?

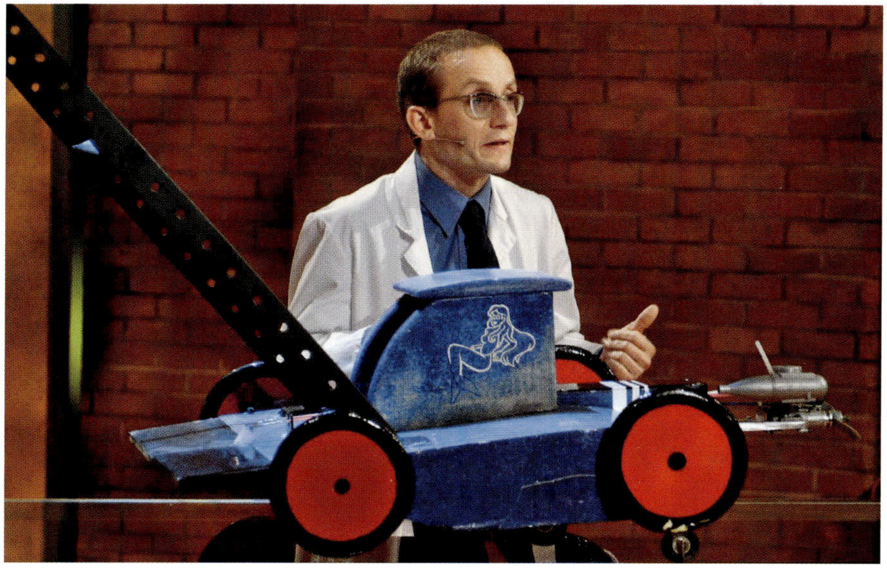

Experiment

Ein flotter Flieger

MATERIAL:
- buntes Papier
- ein Trinkhalm
- Klebefilm

Klebe zwei verschieden lange Papierstreifen zu einem Ring zusammen. Befestige sie an je einem Ende des Trinkhalms. Achte darauf, dass du sie an der gleichen Seite des Halmes befestigst! Nun lässt du den Flieger sanft fliegen.

FLUGOBJEKTE
Wenn etwas ruhig im Wind stehen soll, muss es nicht unbedingt Flügel haben. Windhosen zur Windrichtungsbestimmung zum Beispiel sind immer als Röhren gebaut. Auch so mancher Flugdrachen hat eine Röhrenform.

WAS PASSIERT?
Auch wenn der Flieger nicht nach Flieger aussieht – er hat hervorragende Flugeigenschaften!

Experiment

Ein Fallschirm

MATERIAL:
- Bindfaden
- Klebefilm
- ein Küchentuch
- Büroklammern

Klebe vier Bindfäden mit Klebefilm an die Ecken des Küchentuchs. Verknote sie unten und beschwere sie mit Büroklammern. Nun lass den Fallschirm schweben.

WAS PASSIERT?
Das Küchentuch schwebt!

GLEITSCHIRM
Genauso wie dieser Fallschirm, so gleiten auch Gleitschirmflieger wie auf einem Luftpolster ins Tal. Je größer der Schirm, desto langsamer sinkt der Fallschrim.

KLEIN, KLEINER, AM KLEINSTEN …
Kolibris sind die kleinsten Vögel der Welt: Der Hummelkolibri wird nur fünf Zentimeter groß!

Können Vögel rückwärts fliegen?

Es gibt nur einen einzigen Vogel, der rückwärts fliegen kann: Das ist der Kolibri! Kolibris können nicht nur rückwärts, sondern auch seitwärts fliegen. Oder sogar mit dem Kopf nach unten! Und wenn sie mit ihrem langen Schnabel an einer Blüte Nektar trinken, schwirren sie wie ein Hubschrauber auf der Stelle.

Dabei schlagen Kolibris 80-mal pro Sekunde mit den Flügeln. Das ist so schnell, dass unser Auge diese Bewegungen gar nicht mehr erkennen kann.
Solche Flugkünste brauchen viel Kraft. Deshalb müssen Kolibris täglich die Hälfte ihres Körpergewichts an Nahrung zu sich nehmen.

Konnten Dinos fliegen?

Zur Zeit der Dinosaurier waren riesige Flugechsen die Herrscher der Lüfte. Das größte Tier, das sich je in die Luft erhob, war Quetzalcoatlus. Jeder einzelne Flügel war über sechs Meter lang! Damit war Quetzalcoatlus größer als jeder Drachenflieger.
Flugechsen waren aber keine Dinosaurier und auch keine Vögel! Sie ähnelten unseren heutigen Fledermäusen: Sie hatten keine Federn, sondern Fell und ledrige Hautflügel.

Lange Zeit dachte man, dass nur diese Flugechsen fliegen konnten. Aber in China wurden vor kurzer Zeit aufsehenerregende Funde gemacht: Dinosaurier mit Federn! Daher geht man heute davon aus, dass es auch gefiederte kleine Dinosaurier gab, die flugfähig waren.

Frage

Was ist Luft überhaupt?

Was Kinder wissen wollen

Woraus besteht Luft?

Wo ist der Wind, wenn er nicht weht?

Clever ausprobiert

Luftsack-Wettbewerb

Experimente

Verliebte Bälle

Papier macht Krach

Woraus besteht Luft?

Stell dir vor, du gießt Apfelsaft, Orangensaft, Cola und andere Getränke zusammen. Dann entsteht ein Gemisch aus verschiedenen flüssigen Stoffen. Eine solche Mischung ist auch die Luft, aus der unsere Atmosphäre besteht. Nur besteht sie aus verschiedenen Gasen: 78 Prozent der Luft, und damit der größte Teil, bestehen aus dem Gas Stickstoff. 21 Prozent sind Sauerstoff, den wir zum Atmen brauchen.
Dann gibt es noch Kohlendioxid, Wasserstoff, verschiedene Edelgase, aber auch Staub, Meersalz und Abgase.

Wo ist der Wind, wenn er nicht weht?

Warme Luft ist leichter als kalte Luft, deshalb steigt sie nach oben. Das kann man an vielen Stellen beobachten. Weil warme Luft nach oben steigt, können zum Beispiel Heißluftballons in die Luft steigen. Weihnachtspyramiden drehen sich, weil die Luft über den Kerzen heiß wird, nach oben steigt und dabei das Rädchen auf der Pyramide dreht.

So ähnlich entsteht auch der Wind auf unserer Erde. Dort, wo die Sonne scheint, wird die Luft warm. Diese warme Luft steigt nach oben. Jetzt ist aber unter der warmen Luft ein „Luftloch“ entstanden. In dieses Luftloch strömt von der Seite kalte Luft hinein, um es zu füllen. Manchmal kommt diese kalte Luft von sehr weit her! Sie wird wieder durch die Sonne erwärmt, steigt nach oben, neue kalte Luft strömt in das Loch hinein und so weiter.

Diese ganzen Bewegungen der Luft spüren wir. Denn das ist Wind! Und wenn sich die Luft nicht bewegt, dann gibt es auch keinen Wind – es herrscht Windstille.

Luftsack-Wettbewerb

Herr Boning behauptet steif und fest, dass es möglich ist, einen Luftsack mit einem Atemstoß aufzublasen. Aber wie soll das gehen?

In einem Wettbewerb testeten zunächst unsere Prominenten, wer zuerst einen Luftsack aufblasen kann. Viele Atemzüge später – und damit ziemlich außer Atem – waren sie sich einig, dass es völlig unmöglich ist, das mit einem Atemzug zu schaffen. Aber es geht doch! Nur wie?

Wie kann man den Luftsack mit einem Atemstoß aufblasen?

a) mit Abstand: Herr Boning bläst einfach aus 20 Zentimeter Entfernung – ohne weitere Hilfsmittel. Durch den entstehenden Sog wird mehr Luft mitgerissen.

b) mit heißem Atem: Er trinkt heißen Tee, damit sein Atem warm wird, und setzt normal an. Die heiße Luft dehnt sich aus und er braucht nur einen einzigen Atemstoß.

c) mit Helium: Er setzt wieder normal an, hat aber vorher Helium eingeatmet. Das Kunststück gelingt ihm aufgrund der unterschiedlichen Dichte von Helium und Luft.

Außer einem piepsenden Stimmchen hatte Herr Boning nix vom Helium-Versuch.

Der Versuch

Herr Boning testet zunächst die Lösungen b) und c) – keine Chance; er braucht viele, viele Züge zum Aufblasen. Hält er die Sacköffnung jedoch mit beiden Händen mit einem Abstand von ca. 20 Zentimetern vor sein Gesicht und bläst die Luft mit gespitztem Mund zentral in den Sack, füllt sich derselbe in Sekundenschnelle zur Gänze mit Luft. Ein einziger Atemzug genügt!

Antwort a) ist also richtig.

Das sagt die Wissenschaft

Schuld daran ist der Bernoulli-Effekt – benannt nach dem Schweizer Mathematiker und Physiker Daniel

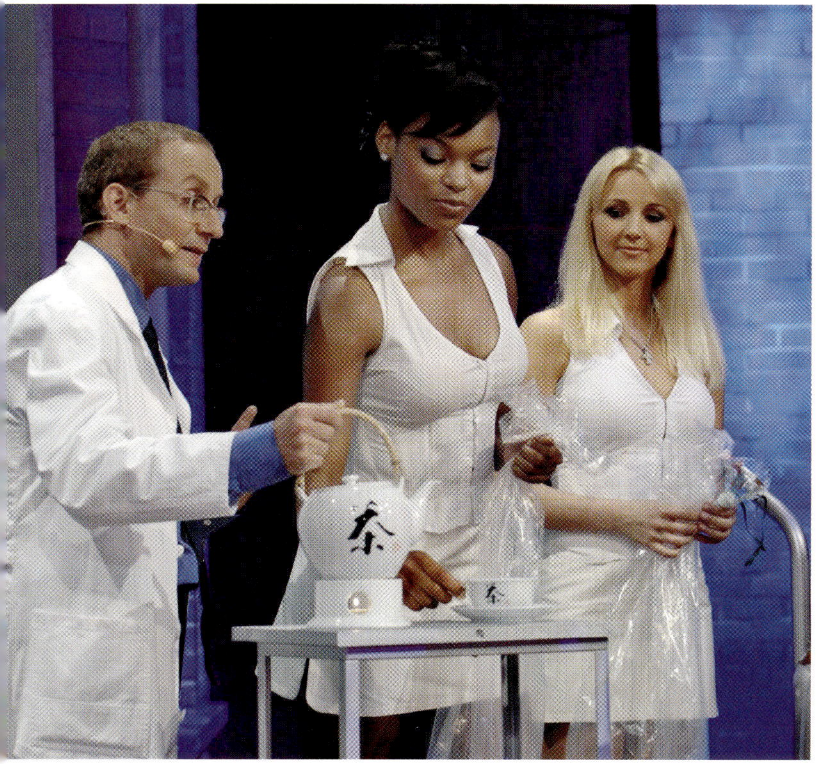

Teatime! Den Atem aufwärmen und lospusten – auch das bringt nicht wirklich viel.

Ein einziger wohlgesetzter Puster – und fertig ist die luftige Luftsackangelegenheit!

Bernoulli (1700–1782), Spross einer Gelehrtenfamilie, die vom 16. Jahrhundert bis heute viele berühmte Wissenschaftler und Künstler hervorgebracht hat. Er beschrieb im 18. Jahrhundert einen merkwürdigen physikalischen Effekt: Strömen Flüssigkeiten wie Wasser und Gase wie unsere Atemluft, üben sie einen geringeren Druck auf ihre Umgebung aus, als wenn sie sich nicht bewegen. Je höher die Geschwindigkeit, desto geringer wird der Druck, den sie auf etwas ausüben.

Man kennt das von folgender Situation: Wenn man am Bahnhof steht und der Zug einfährt, entsteht ein Unterdruck, der einen in Richtung Zug zieht. Bezogen auf unser Experiment heißt das: Durch den Unterdruck wird die Umgebungsluft mitgerissen – genauso wie derjenige, der dem Zug zu nahe kommt. Der geblasene Luftstrom stellt einen Strömungskanal dar, welcher durch seine Strömungsgeschwindigkeit einen Unterdruck erzeugt. Die umgebende Luft wird so mit dem Luftstrahl in den Sack mitgerissen. Dieser Effekt wirkt so stark, dass der Sack mittels eines Atemzuges prall mit Luft gefüllt werden kann!

Bläst man direkt an der Öffnung des Luftsacks, wird stoßweise jeweils nur das Lungenvolumen an Luft in den Sack gepresst – und da kann man lange blasen …

Experiment

Verliebte Bälle

MATERIAL:

- zwei Buntstifte
- Klebefilm
- zwei Tischtennisbälle
- ein Trinkhalm

Befestige die Stifte mit Klebefilm im Abstand von zwei Zentimetern genau parallel auf dem Tisch. Lege die Bälle darauf. Versuche nun, sie mit dem Trinkhalm auseinanderzublasen.

WAS PASSIERT?

Die Luft zwischen den Bällen strömt schneller als die Luft außen. Dadurch entsteht zwischen den Bällen ein Unterdruck: Statt auseinanderzuweichen, werden die Bälle immer aufeinanderzurollen und sich nicht trennen lassen!

Experiment

Papier macht Krach

MATERIAL:
- Papier
- zwei Trinkhalme
- Klebefilm

Klebe je einen Streifen dünnes Papier an die beiden Trinkhalme. Halte die beiden „Fahnen“ vor dein Gesicht und versuche, sie auseinanderzublasen.

WAS PASSIERT?
Durch den starken Luftstrom entsteht zwischen den Blättern ein Unterdruck. Dadurch ziehen sich die Blätter an. Aber durch den Atem werden sie auch auseinandergeblasen. Die Papierstreifen schlagen daher zusammen und es entsteht ein lautes Geräusch!

FAHNEN KNATTERN
Dieser „Bernoulli-Effekt“ (siehe Seite 24/25) ist auch der Grund für das Knattern von Fahnen. An einem windigen Tag kann das sehr laut werden!

Frage

Warum müssen wir atmen?

Was Kinder wissen wollen

Warum brauchen wir Sauerstoff?

Wie atmen Fische?

Clever ausprobiert

Apnoe-Taucher

Experimente

Ein trockener Taucher

Ein Glas Luft, bitte!

Luft können wir normalerweise nicht sehen und auch nicht riechen. Luft besteht aus verschiedenen Gasen. Eines dieser Gase ist der Sauerstoff, den alle Lebewesen zum Atmen brauchen. Mit jedem Atemzug atmen wir mit der Luft Sauerstoff ein. Wenn wir ein paar Sekunden lang nicht einatmen, ist das kein Problem, zum Beispiel beim Tauchen. Aber länger als zwei oder drei Minuten nicht zu atmen, das kann gefährlich werden. Denn unser Körper braucht Sauerstoff!

Der Sauerstoff strömt in die Lunge und von dort in unser Blut. Das Blut verteilt den Sauerstoff im ganzen Körper. Er wird überall gebraucht, damit Wärme im Körper entstehen kann, damit genug Kraft da ist, um unser Herz schlagen zu lassen, und für vieles andere. Auch das Ausatmen ist wichtig! Denn wenn in unserem Körper Sauerstoff verbraucht wird, entsteht Kohlendioxid, ein giftiges Gas. Dieses muss schnell aus dem Körper entfernt werden – durch das Ausatmen!

Wie atmen Fische?

Atmen heißt auch bei Tieren: Sauerstoff aufnehmen und Kohlendioxid abgeben. Die Tiere an Land nutzen den Sauerstoff aus der Luft, die Fische nutzen den Sauerstoff, der im Wasser gelöst ist.
Fische brauchen dazu Kiemen. Das sind Atmungsorgane, die sich meist links und rechts am Kopf der Fische befinden. Sie bestehen aus ganz vielen dünnen Häutchen. Würde man die Kiemen eines Karpfens auseinanderfalten, hätten sie eine Oberfläche wie ein großer Fernsehschirm!

Diese Kiemen sind stark durchblutet. Beim Atmen saugen die Fische Wasser über den Mund ein und lassen es durch die Kiemen wieder ausströmen. Das Wasser strömt so an den dünnen Häutchen vorbei. Dabei wandert der Sauerstoff aus dem Wasser in das Blut der Fische.

„SERVIETTENTECHNIK“
Die dünnen Häutchen der Kiemen kann man sich wie feinste Papierservietten vorstellen. Solange Wasser daran vorbeiströmt, kann der Fisch damit atmen. Sobald er an Land liegt, kleben die Häutchen wie nasse Servietten zusammen – und der Fisch muss ersticken.

Apnoe-Taucher

Bereits in der Steinzeit haben Apnoe-Taucher Schwämme und Muscheln gesammelt oder Fische mit Speeren gejagt. Heutzutage ist Apnoe-Tauchen Freizeitvergnügen – oder vielmehr Leistungs- bzw. Extremsport.

Apnoe-Tauchen – die älteste und ursprünglichste Form des Tauchens – ist Tauchen mit der eigenen Atemluft. Man atmet vor dem Abtauchen ein und benutzt dann nur diesen Luftvorrat! Den Zeitpunkt zwischen Ein- und Ausatmen nennt man Apnoe (griech.: Nichtatmung). Apnoe-Taucher erreichen durch gezieltes Training immer längere Apnoe-Zeiten bzw. Strecken- und Tiefenleistungen. Ganz schön irre, was die so schaffen. Das hat uns brennend interessiert und deshalb haben wir uns so einen Taucher ins Studio geholt.
Herr Boning weiß zu berichten, dass dieser 20 Minuten unter Wasser bleiben kann. Doch warum ist das so?

Herr Boning ist mehr fürs Schnorcheln zu haben – da schafft er die 20 Minuten locker!

Warum kann der Taucher 20 Minuten unter Wasser bleiben?

a) Er hat Aspirin geschluckt.
Aspirin wirkt blutverdünnend, darum kann der Sauerstoff schneller und besser in den Körper gelangen.

b) Er hat reinen Sauerstoff geatmet.
Der Taucher hat seine Lungen mit Sauerstoff gefüllt. Dadurch kann er länger unter Wasser bleiben.

c) Ihm wurde eine Salzlösung injiziert.
Die Salzlösung verändert das Blut so, dass es mehr Sauerstoff aufnehmen kann. Dadurch kann der Taucher die Zeit, die er unter Wasser bleibt, verlängern.

Antwort b) ist richtig! Durch Einatmen von Sauerstoff kann der Taucher seine Verweildauer unter Wasser extrem verlängern.

Das sagt die Wissenschaft

Der Körper eines Apnoe-Tauchers hat sich durch Training und Übung an die gewaltigen Anforderungen angepasst. Ein Taucher kann etwa neun Liter Lungenvolumen haben, ein trainierter Radfahrer sechs Liter und ein untrainierter Mensch kommt auf vier Liter im Schnitt. Durch eine spezielle Atemtechnik kann der

Taucher noch zwei bis drei weitere Liter Atemluft einatmen. Er hat sein Zwerchfell so trainiert, dass es elastisch ist und er so mehr Luft einatmen kann. Diesen Effekt erzielt er durch Yoga-Übungen vor dem Tauchgang. Dadurch wird auch der Sauerstoffverbrauch des Körpers so weit herabgesetzt, dass der Taucher diese Anstrengung überstehen kann.

Beispielsweise bei der Bundeswehr werden Tauchversuche durchgeführt, die deutlich über zehn Minuten liegen. Die Erklärung für dieses Phänomen ist relativ einfach: Pro Kilogramm Körpergewicht verbraucht ein Mensch zwei bis vier Milliliter Sauerstoff pro Minute. Wenn man die überdurchschnittliche Größe der Lunge eines Apnoe-Tauchers zugrunde legt und diesen Wert berücksichtigt, so ist ein Tauchgang von 25 Minuten mit zuvor eingeatmetem Sauerstoff durchaus realistisch.

Ein interessanter Nebeneffekt ist übrigens, dass der Körper den Sauerstoff fast komplett abbaut. Das heißt, der Taucher atmet gar nicht aus, da der Sauerstoff gebunden wird. Ganz ungefährlich ist dieses Vorgehen aber nicht. Normalerweise muss jeder Mensch nach einer gewissen Zeit wieder einatmen, der sogenannte Atemreflex setzt ein. Der hohe Sauerstoffanteil in Lunge und Blut bedeutet jedoch, dass der Kohlendioxidanteil sehr gering ist. Und genau das Kohlendioxid ist es, das den Atemreflex unter normalen Umständen auslösen würde.

▲ Selbstverständlich wird der Tauchgang – neben Herrn Boning – von einem qualifizierten Tauchassistenten, einem Mediziner und dem gesamten Team überwacht.

▼ Etwas blass um die Nase, aber glücklich. Die 20 Minuten sind geschafft, der Taucher darf wieder atmen!

Experiment

Ein trockener Taucher

MATERIAL:
- Seidenpapier
- ein Glas
- eine Schüssel mit Wasser

Knülle ein Blatt Seidenpapier zusammen und stecke es in das Glas. Dann tauchst du das Glas mit dem Papier darin mit der Öffnung nach unten senkrecht in eine Wasserschüssel. Nimm das Glas wieder aus dem Wasser und ziehe das Papier heraus.

WAS PASSIERT?
Das Glas enthält nicht nur Papier, sondern auch Luft. Wasser kann daher nicht in das Glas eindringen, weil das Glas schon durch die Luft besetzt ist. Das Papier bleibt trocken!

TAUCHERGLOCKEN
Hans Haas, einer der Pioniere der Unterwasser-Fotografie, tauchte mit einer „Taucherglocke" auf dem Kopf. In diesem Helm war Luft eingeschlossen. Daher konnte von unten kein Wasser eindringen und er konnte atmen. Von der Oberfläche wurde er durch einen Schlauch mit frischer Luft versorgt.

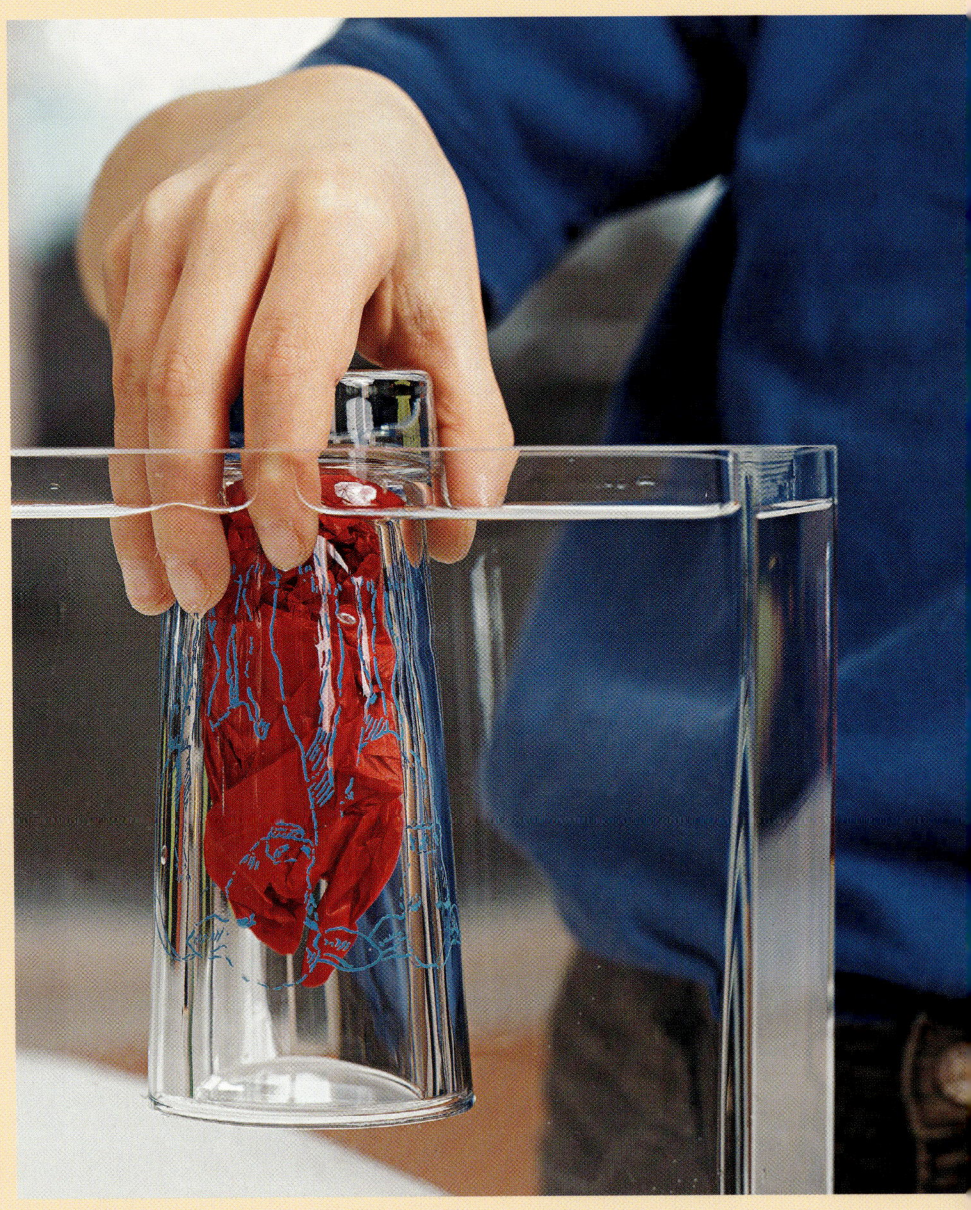

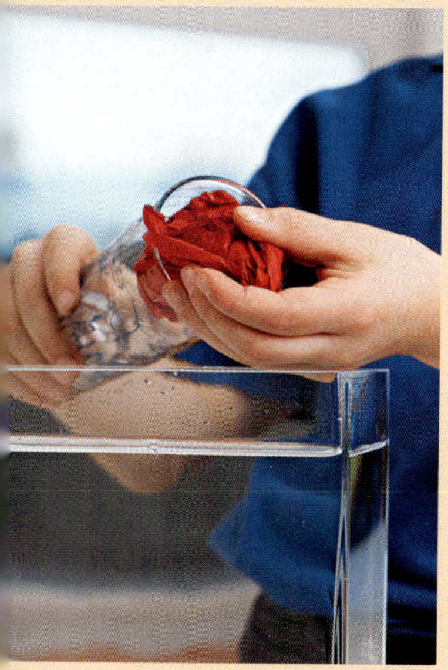

Experiment

Ein Glas Luft, bitte!

MATERIAL:
- ein Gefäß mit Wasser
- zwei Gläser

Drücke ein Glas so ins Wasser, dass die Luft darin bleibt. Das andere Glas darf sich mit Wasser füllen. Halte nun das „Wasserglas“ mit dem Ausguss nach unten. Bewege das „Luftglas“ leicht so, wie auf dem Bild zu sehen ist.

WAS PASSIERT?
Die Luft steigt aus dem Luftglas nach oben in das Wasserglas!

Frage

Lässt sich ein Segelboot mit der Kraft von 100 Föhnen antreiben?

Clever ausprobiert
Boot im Wind

Experimente
Ein Ballonboot
Ein Luftkissenboot

Was Kinder wissen wollen
Ist der Stille Ozean wirklich still?
Wie wandert die Wanderdüne?

Boot im Wind

Es mag der Traum eines jeden Seglers sein, bei Flaute sein Boot selbst anzutreiben, sozusagen „automobil“ zu segeln. Oder widerspricht dies einem Naturgesetz? Wir haben den Test mit zwei verschiedenen Booten gemacht!

Herr Boning weiß zunächst von ein paar technischen Daten zu berichten: Der „Optimist“ ist 2,30 Meter lang und 1,13 Meter breit. Die Segelfläche beträgt 3,5 Quadratmeter. Sein Rumpf bringt 32 – 35 Kilogramm auf die Waage. Und obwohl der Opti für Kinder konzipiert ist, fühlt sich unsere freundliche Assistentin sichtlich wohl darauf.

Für unseren Versuch haben wir uns ein Segelboot, genannt Optimist, auf Rollen beschafft. Schließlich wollen wir ja nicht, dass uns die Reibung des Wassers einen Strich durch das Experiment macht. Und damit zur Frage:

Lässt sich dieses Segelboot mit der Kraft von 100 Föhnen antreiben?

a) Ja! Haartrockner werden unterschätzt. Sie bringen mehr Leistung, als man glaubt. Die Kraft unseres „Trockners“ überwindet den Rollwiderstand und bringt das Boot zum Fahren.

b) Nein! Das Boot fährt nicht. Föhne bringen zwar sehr viel Leistung, die gesamte Luft, die sie erzeugen, trifft aber nicht ins Segel.

Der Versuch

Leichtmatrose Boning steckt den Stecker in die Dose. Und was passiert? Der Trockner pustet und bläst, was das Zeug hält, aber das Boot bewegt sich nicht vom Fleck. **Antwort a) ist also falsch.** Und daraus folgt: **Antwort b) ist richtig!** Das Segelboot bewegt sich keinen Zentimeter. Ist damit die populäre Ansicht bestätigt, dass das Segelboot ein geschlossenes System darstellt – und somit die Kraft, die es bewegen kann, von außen kommen muss?

Wir probieren es noch einmal, mit derselben Kraft und einem kleineren Boot auf Rollen als Versuchsmodell. Und was passiert jetzt?

Nix mit Segeltörn! Es herrscht absolute Flaute. Doch wie es der Zufall so will, ist unser Erklärer für alle Eventualitäten gerüstet und versucht nun, das Segelboot mit der Kraft von 100 Föhnen anzutreiben. Dazu justiert er den Föhn-Antrieb am Heck.

Wie segelt das kleine Boot?

a) vorwärts: Die Luft, die in das Segel geblasen wird, reißt die Umgebungsluft mit und muss dann ja auch abfließen. Sie prallt am Segel ab und fließt wieder rückwärts. Rückstoßprinzip ist das Stichwort.

b) gar nicht: Eine physikalische Regel besagt ja, dass es sich bei dieser Konstruktion um ein geschlossenes System handelt, etwa wie bei der Geschichte von Baron Münchhausen, der sich laut Erzählung an seinem eigenen Haarschopf aus dem Sumpf gezogen hat. Zu der Kraft, die in das Segel bläst, entsteht eine gleich große Gegenkraft. Die Kräfte heben sich auf. Und das Boot fährt nicht.

c) rückwärts: Das Segel ist viel zu klein und es wird sehr viel mehr Luft daran vorbeigeblasen, als ins Segel trifft. Die Luft strömt am Segel vorbei, Rückstoßkraft und Luftkraft auf dem Segel sind nicht gleich. Die überschüssige Rückstoßkraft lässt das Boot rückwärtsfahren. Man nennt dies auch das Raketenprinzip.

Antwort a) ist richtig! Haben wir damit das geschlossene System überlistet? Keineswegs, denn entgegen vieler Vermutungen handelt es sich bei dem Segelboot um kein geschlossenes System. Das Boot fährt vorwärts, weil zum einen die Luft, die das Segel in der Mitte trifft und dadurch krümmt, beim seitlichen Ausströmen aus dem durchgebogenen Segel schräg nach hinten gerichtet ist. Die zunächst nach vorne gerichtete Kraft der Luft wird also durch das Segel in der Richtung umgedreht und wirkt jetzt nach hinten (Rückstoß). Zum anderen reißt die ins Segel geblasene Luft Umgebungsluft mit. Dadurch wird das Boot angetrieben. Aber auch die Reibung bzw. der Rollwiderstand spielt eine Rolle: Eine größere Antriebskraft hätte auch den Rollwiderstand des größeren Bootes überwunden.
Ein geschlossenes System würde übrigens so aussehen, dass eine Antriebskraft in Form eines Propellers oder Föhns auf dem Heck justiert ist und eine Plexiglasbox zur Abriegelung des Systems dient. Dabei müsste die Umhüllung mit dem Boot verbunden sein. Dann wäre eine Wechselwirkung mit der Umgebung durch Luftströmungen nicht möglich. Der Propeller würde zwar das Segel aufblähen, aber das Boot nicht in Bewegung setzen. Zu der Kraft, mit der der Propeller ins Segel bläst, entsteht eine gleich große Gegenkraft. Beide Kräfte heben sich auf, denn beide Kräfte sind innerhalb des Systems.

Experiment

Ein Ballonboot

MATERIAL:

- eine Getränkepackung (Tetrapak)
- ein Luftballon
- Klebefilm

Schneide die Getränkepackung der Länge nach durch. Lass dir dabei helfen! Dann schneidest du ein Loch in den Boden der Packung oder du nutzt den eingebauten Plastikausguss. Dort schiebst du einen Luftballon hinein, befestigst ihn an der Öffnung und bläst ihn auf. Setze das Boot in die Badewanne und lass den Luftballon los.

WAS PASSIERT?

Die Luft weicht nach hinten aus dem Ballon aus. Und der Rückstoß treibt das Boot nach vorne.

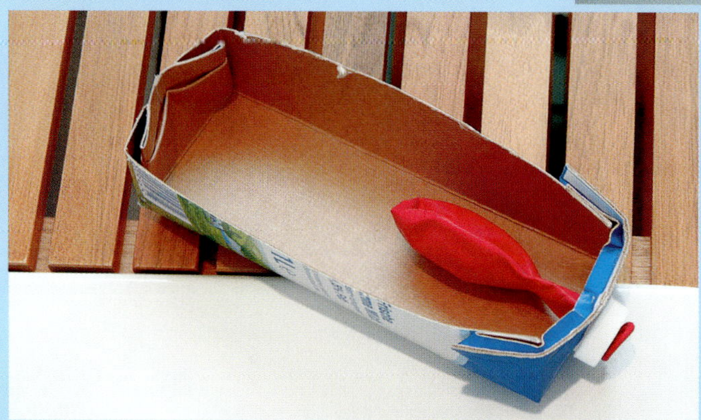

Experiment

Ein Luftkissenboot

MATERIAL:

- ein Plastikbecher
- Deckel einer Verpackung

Schneide den Becherboden heraus. In den Verpackungsdeckel schneidest du eine Öffnung, gerade so groß, dass der Becher hineinpasst. Lass dir dabei helfen! Jetzt bläst du von oben in den Becher hinein.

WAS PASSIERT?

Die Luft versucht, unten aus der Packung zu entweichen – und hebt so dein „Boot“ hoch.

HOVERCRAFTS

Luftkissenfahrzeuge, auch Hovercrafts genannt, zählen zu den einzigen Fortbewegungsmitteln der Welt, die sich in Eis- und Sandwüsten genauso schnell und sicher bewegen wie auf hoher See. Auf ihren Luftkissen werden sie bis zu 130 Stundenkilometer schnell!

Ist der Stille Ozean wirklich still?

Von 1519 bis 1521 segelte der portugiesische Seefahrer Magellan das erste Mal rund um die Welt. Damit wollte er beweisen, dass die Erde wirklich eine Kugel ist.
Auf dieser Reise musste er auch über den Stillen Ozean segeln, der damals noch keinen Namen hatte. Diese Überfahrt verlief völlig ohne Stürme. Deshalb taufte Magellan dieses neu entdeckte Weltmeer „Stiller Ozean“ oder – nach dem lateinischen Wort für Frieden „Pax“ – „Pazifischer Ozean“.
Es war aber ein Zufall, dass diese Überfahrt so friedlich war. Denn normalerweise gibt es auf dem Stillen Ozean genauso viele Stürme wie auf jedem anderen Weltmeer.

Wie wandert die Wanderdüne?

Wenn Sanddünen wandern, kann nichts sie aufhalten. Sie begraben große Felder unter sich und machen auch vor Flüssen nicht halt. In nur wenigen Tagen kann eine Düne einen ganzen Fluss verschlingen! Glücklicherweise gibt die Düne den Fluss nach einigen Wochen wieder frei. Doch für die Tiere in der Wüste kann das Verschwinden ihrer Wasserstelle tödlich sein. Denn sie können nicht so lange warten.
Genau genommen „wandern“ Dünen nicht, sondern sie rollen langsam vorwärts. Auf der einen Seite bläst der Wind die Körner nach oben. Auf dieser Windseite ist der Sand fest aufgeschichtet. Hier ist die Düne so hart, dass Autos darauf fahren können. Auf der anderen Seite rutschen die Körner manchmal wie eine Lawine wieder nach unten. Der Sand auf dieser Seite ist so locker, dass selbst Kamele einsinken. So wird der Sand von der Vorderseite auf die Rückseite geblasen – die Düne wandert.
Die großen Dünen der Sahara wandern mit einer Geschwindigkeit von etwa 20 Metern im Jahr.

NICHT NUR IN DER WÜSTE!
Wanderdünen gibt es nicht nur in der Wüste. Die größte Wanderdüne Europas, die „Dune du Pyla“, ist zurzeit ungefähr 117 Meter hoch. Sie befindet sich in Frankreich bei Arcachon und wandert pro Jahr zwischen einem und fünf Metern. Auch in Dänemark, Slowenien und Litauen gibt es Wanderdünen.

Frage

Wie stark ist der Wind?

Was Kinder wissen wollen

Wie schnell ist ein Orkan?

Warum bremst der Hurrikan an Land ab?

Clever ausprobiert

Kann man in einem Sturm mit einem Regenschirm abheben?

Experimente

Was liegt auf der Zeitung?

Wie kommt das Ei in die Flasche?

Clever ausprobiert

Wie kriegt man das Ei aus der Flasche?

Wie schnell ist ein Orkan?

Windgeschwindigkeiten werden nach der Beaufort-Skala gemessen. Diese Skala wurde 1805 vom britischen Admiral Sir Francis Beaufort eingeführt. Ab Windstärke 12 wird ein Sturm als Orkan bezeichnet. Diese Windstärke bedeutet, dass der Wind mindestens 118 Kilometer pro Stunde schnell ist.
1956 wurde diese Skala erweitert, damit Orkane noch besser eingeteilt werden können. Jetzt gibt es Orkane in den Windstärken 12 bis 17. Windstärke 17 haben alle Orkane, die schneller als 202 Kilometer pro Stunde toben.
Der schnellste bisher gemessene Orkan hatte Windgeschwindigkeiten von 259 Kilometern pro Stunde. Das war der Orkan „Lothar“, der am 26. Dezember 1999 in Frankreich, der Schweiz und Süddeutschland wütete. Zum Vergleich: Der ICE 3 erreicht Höchstgeschwindigkeiten von 300 Kilometern pro Stunde.

VON HOCH NACH TIEF
Wind strömt vom Hochdruckgebiet ins Tiefdruckgebiet. Wenn die beiden Gebiete sich sehr stark unterscheiden, strömt der Wind besonders schnell. Dabei kann der Druck des Windes so stark werden, dass er als Orkan ganze Bäume umwirft!

Warum bremst der Hurrikan an Land ab?

Von Juli bis September häufen sich in den Nachrichten die Berichte von Hurrikans, die sich über dem Karibischen Meer aufbauen. Treffen die Wirbelstürme auf die Küsten, richten sie dort große Schäden an. Bei ihrer Wanderung weiter landeinwärts werden sie immer schwächer. Nach einigen hundert Kilometern sind sie ganz abgeflaut. Warum bremsen sie an Land?
Damit ein Hurrikan entsteht, müssen ganz bestimmte Regeln erfüllt sein. Das Wasser muss bis in eine Tiefe von mindestens 50 Metern sehr warm sein, mindestens 26 Grad (deswegen entstehen die meisten Hurrikans im Sommer zwischen Juli und September). Und die Luft muss feucht sein, was nur über warmen Meeren der Fall ist. Die feuchtwarme aufsteigende Luft schiebt den Wirbelsturm-Motor ständig weiter an. Nur so kann ein gefährlicher Wirbelsturm entstehen – und immer stärker werden, je länger er über diesen feuchtwarmen Meeren bleibt.
Dadurch wird auch klar, warum der Wirbelsturm über Land schwächer wird: An Land kühlt der Boden nachts immer unter 26 Grad ab. So wird dem Wirbelsturm nachts keine neue warme Luft zugeführt und der „Drehmotor“ wird langsamer. Sobald der Wirbelsturm also auf Land oder kühlere Meeresoberflächen trifft, verliert er an Kraft und flaut ab.

Kann man in einem Sturm mit einem Regenschirm abheben?

„Schirm und Robert fliegen dort
Durch die Wolken immerfort.
Und der Hut fliegt weit voran,
Stößt zuletzt am Himmel an.
Wo der Wind sie hingetragen,
Ja, das weiß kein Mensch zu sagen.“

So erging es Robert im Struwwelpeter. Und da man ja nie weiß, wie viel Wahrheit in solchen Versen steckt, unternimmt Herr Boning mithilfe einer gigantischen Windmaschine einen waghalsigen Selbstversuch.

Der Versuch wurde zwar auf freiem Feld durchgeführt, im Studio aber natürlich genau erläutert – inklusive Windmaschine und Spezialschirm.

Was geschieht mit Herrn Boning samt Schirm im Wind?

a) Er fliegt.
b) Er fällt um.
c) Es passiert nix.

Kann es tatsächlich passieren, dass ein Federgewicht wie Herr Boning mit einem Schirm abhebt? Vorausgesetzt, der Schirm ist ordentlich verstärkt, denn gewöhnliche Schirme klappen bei Sturm einfach um!

Der Versuch

Herr Boning steht bereit, den verstärkten Spezialschirm fest umklammert, die Windmaschine wird angeworfen – und: Er hebt ab! Zwar nicht in himmlische Höhen, aber bei einer Windgeschwindigkeit von ca. 75 km/h schwebt er immerhin einige Meter über dem Boden. Daraus schließen wir: Robert aus dem Struwwelpeter muss einen stabilisierten High-Tech-Schirm verwendet haben!

Warum aber wird Herr Boning nach oben getragen, wo doch der Wind von der Seite kommt?

Das sagt die Wissenschaft

Das liegt am Bernoulli-Effekt, von dem in diesem Buch schon mehrfach die Rede war und der für das Verständnis des Fliegens auch von Flugzeugen und Vögeln fundamental ist: An Querschnittsverengungen (z. B. über dem Schirm, über der Tragfläche), in denen das Medium (die Luft) schneller strömt, tritt eine Druckminderung auf, die Saugkräfte entstehen lässt.

Herr Boning mit seinem Spezialschirm – dem er wohl nicht ganz traute, denn zur Sicherheit stand ein Hubschrauber bereit, um ihn einzufangen, sollte er tatsächlich davonfliegen.

Siehe da, er fliegt! Zwar nicht in himmlischen Höhen, aber doch ganz eindeutig über dem Boden!

10 Einbauherde
Sonderangebote
30% – 50%
reduziert!
REHA
SÜD
Alles billiger
in Aktion!

10 Einbauherde
Sonderangebote
30% – 50%
reduziert!
REHA
SÜD
Alles billiger
in Aktion!

Experiment

Was liegt auf der Zeitung?

MATERIAL:
- eine dünne Leiste
- etwas Zeitungspapier

Leg die Leiste so auf den Tisch, dass etwa ein Drittel davon über die Tischkante hinausragt. Bedecke die Leiste mit ausgebreitetem Zeitungspapier und schlage dann mit deiner Faust fest auf das überstehende Ende.

WAS PASSIERT?
Das Zeitungspapier wird durch den Schlag nicht nach oben geworfen! Es liegt viel zu viel schwere Luft auf der Zeitung. Vielleicht wird die Leiste sogar zerbrechen – die Zeitung bewegt sich kaum. Wenn du die Leiste langsam herunterdrückst, hat die Luft Zeit auszuweichen. Jetzt kannst du die Zeitung anheben.

WIE VIEL WIEGT LUFT?
Die Luft in einem Wohnzimmer wiegt mindestens 100 Kilogramm! Weil wir das aber gewöhnt sind, macht es uns nichts aus. Im Gegenteil: Wir bekommen sogar Atemprobleme, wenn die Luft weniger wiegt! Das passiert uns zum Beispiel auf hohen Berggipfeln.

Experiment

Wie kommt das Ei in die Flasche?

MATERIAL:
- eine Karaffe
- ein hart gekochtes, gepelltes Ei
- ein Topflappen

Spüle die Karaffe mit fast kochend heißem Wasser aus. Fasse sie dabei nur mit dem Topflappen an! Setze dann sofort das Ei auf den Karaffenhals und stelle das Ganze in ein kaltes Wasserbad.

WAS PASSIERT?
Durch das heiße Wasser wird die Luft in der Flasche erhitzt. Sobald das Wasser aus der Flasche raus ist, kühlt die Luft wieder ab – und zieht sich zusammen. Da das Ei oben draufsitzt, entsteht in der Flasche ein Unterdruck. Der hohe Luftdruck außen drückt nun das Ei mit großer Kraft durch den Hals in die Flasche.

Wie kriegt man das Ei aus der Flasche?

Wie das hart gekochte Ei in die Flasche reinkommt, wissen wir ja jetzt schon (siehe Seite 51). Aber wie bekommt man es nun unversehrt wieder heraus?

Um diese Frage zu klären, haben sich Herr Boning und sein wissenschaftliches Expertenteam nächtelang eingeschlossen. Nach einer Anzahl von Tests sind sie auf die Lösung gekommen. Und weil wir schön brav waren, lassen sie uns nun an ihrem Wissen teilhaben.

Wie bekommt man das Ei aus der Flasche?

a) Schlagen: **Wenn man mit einem Holzkochlöffel auf den Flaschenhals der kopfüber stehenden Flasche schlägt, so erzeugt man einen dumpfen Ton. Die damit entstehenden Schallwellen breiten sich schlagartig in der Flasche aus. Das Ei wird durch Schwingungen aus der Flasche gepresst.**

b) Schütteln: **Man schüttelt die umgekehrte Flasche rhythmisch und dreht das Ei dabei in elliptischer Kreisbewegung in den Flaschenhals. Durch die Kreisbewegung nimmt das Ei eine längliche Form an und passt durch die Flaschenöffnung (eine Art Strudelwirkung).**

c) Blasen: **Man bläst in die Flasche, wobei das Ei durch Überdruck aus der Flasche gepresst wird.**

Auf den Flaschenhals schlagen hilft gar nichts. Dadurch hüpft das Ei nur lustig in der Flasche hin und her. Antwort a) ist falsch!
Auch die rhythmisch-kreisenden Bewegungen bringen das Ei nicht aus der Flasche. Antwort b) ist also ebenso falsch!

Antwort c) ist richtig! Man dreht die Flasche waagrecht und so lange, bis das Ei mit der schmalen Seite am Flaschenhals liegt und bläst dann kurz, aber kräftig in die Flasche hinein. Durch die hineingeblasene warme Luft dehnen sich die Moleküle aus und drücken so das Ei wieder aus der Flasche hinaus.

Frage

Was passiert, wenn die Luft unter Strom steht?

Was Kinder wissen wollen

Warum gibt es Blitz und Donner?

Wo schlägt der Blitz ein?

Experimente

Der Blitz am Küchensieb

Der Knall kommt später

Clever ausprobiert

Können Fische in einem Autowrack einen Blitz überleben?

Warum gibt es Blitz und Donner?

Gewitter gibt es meistens nur an heißen Sommertagen. Heiße Luft steigt hoch in den Himmel. Dort trifft diese Luft auf Wolken. In Gewitterwolken haben sich viele Wassertropfen angesammelt. Wenn die heiße Luft mit viel Schwung auf diese Wassertropfen trifft, werden sie durcheinandergewirbelt. Die Tropfen stoßen aneinander und reiben sich so stark, dass die Wolke dabei elektrisch aufgeladen wird. Dann beginnt es zu funken – und es blitzt!
Dieser Blitz ist schuld an dem Donner, der danach kommt. Wenn der heiße Blitz über den Himmel zuckt, erhitzt er die Luft. Diese heiße Luft dehnt sich mit gewaltiger Kraft aus.
Und rummms – es donnert!

LUFTBALLON-DONNERKNALL
Etwas Ähnliches geschieht, wenn man in einen Luftballon piekst. Die Luft, die in dem Luftballon zusammengepresst war, dehnt sich explosionsartig aus. Und der Ballon platzt mit einem lauten Donnerknall.

Was Kinder wissen wollen

Wo schlägt der Blitz ein?

Täglich jagen weltweit zwischen zehn und 30 Millionen Blitze durch die Luft. Das sind über 100 Blitze in jeder Sekunde, verteilt über die ganze Erde. Die meisten Blitze springen von Wolke zu Wolke. Nur ein kleiner Teil – zehn Prozent aller Blitze – schlägt in den Boden ein.
Ein Blitz, der bis zur Erde durchschlägt, entscheidet sich erst auf den letzten hundert bis zehn Metern, welchen Weg er dabei einnehmen wird. Allein stehende Bäume werden häufiger getroffen als große Baumgruppen. In hohe Punkte zielt er lieber als in niedrige. Deswegen musst du auch schnell aus dem Schwimmbecken hinaus, wenn ein Gewitter tobt – dein Kopf ist höher als die Wasseroberfläche! Hohe Punkte sind aber nur „interessant“ für den Blitz, wenn er dabei bis in die Erde schlagen kann. Ein Blitzableiter auf einer Turmspitze ist erst richtig angebracht, wenn er in die Erde reicht.

ZUFALLSTREFFER
„Eichen sollst du weichen, Buchen sollst du suchen.“ So sagt ein altes – und völlig falsches – Sprichwort. In welchen Baum der Blitz einschlägt, ist zufällig und hat nichts mit der Baumart zu tun!

Experiment

Der Blitz am Küchensieb

MATERIAL:

- ein Küchensieb (Edelstahl)
- ein trockenes Glas
- ein Luftballon
- ein Wollpullover

Stelle das Küchensieb auf ein trockenes Glas. Blase einen Luftballon auf und reibe ihn gut an einem Wollpullover. Setze ihn nun in das Sieb und nähere dich mit einem Finger vorsichtig dem Griff des Küchensiebs. Aber nicht direkt berühren!

WAS PASSIERT?

Der Luftballon wird durch das Reiben elektrisch aufgeladen. Wenn der Abstand zwischen Sieb und Finger klein genug ist, springt ein Funke über. Das kannst du sicher spüren. Und wenn es im Raum ganz dunkel ist, siehst du den Funken sogar!

Experiment

Der Knall kommt später

MATERIAL:

- etwas Mehl
- ein Trichter
- ein Luftballon
- eine Stecknadel

Fülle mit dem Trichter etwas Mehl in einen Luftballon. Puste den Ballon dann vorsichtig auf und verknote ihn. Ziehe eine Schürze oder alte Kleider an – gleich wird's staubig! Stell dich mindestens 200 Schritte von einem Freund entfernt auf der Straße auf. Steche dann die Nadel in den Ballon.

WAS PASSIERT?

Zuerst sieht dein Freund die Mehlwolke. Weil der Schall aber langsamer ist als das Licht, hört er den Knall erst deutlich später!

Können Fische in einem Autowrack einen Blitz überleben?

Wie jeder weiß, bieten Gewässer keinen Schutz vor Gewitter. Schon als Kind wurde uns eingebläut, dass wir bei Blitz und Donner schnellstmöglich das Wasser verlassen sollen. Aber was passiert mit den Fischen?

Was machen die kleinen Nemos und Dories, die fröhlich im Wasser schwimmen, bei Blitz und Donner? Kann man sie nach einem Blitzeinschlag etwa als Grillteller mit Pommes servieren? Das haben wir uns mal etwas genauer angesehen.
Wasserflächen werden vergleichsweise selten vom Blitz getroffen und der Fisch aufgrund seiner geringen Größe noch viel seltener. Doch wenn es dennoch einmal passiert, können Fische sterben. Wie aber können sie sich vor dem Blitz schützen?

Wo sind die Fische vor Blitz geschützt?

a) Autowrack
b) Plastikflasche
c) Porzellantopf

Der Versuch

Für unseren Versuch werden drei mit Wasser gefüllte Bassins ins Studio geschoben. Im ersten befindet sich ein aus Draht nachgebautes Autowrack, im zweiten eine Plastikflasche und im dritten ein Porzellanpisspott. In jedem Objekt schwimmen zwei niedliche Goldfische. Eine mit einem Generator verbundene Elektrode wird über Bassin Nummer eins gehängt, der Generator in Gang gesetzt – und damit ein Blitz erzeugt! Die freigesetzte Energie geht direkt ins Wasser. Und wie geht es nach diesem Blitzeinschlag unseren Fischen? Diese zeigen keinerlei Reaktion und schwimmen munter weiter. Die Bewohner der Gewässer scheinen also in gesunkenen Autos vor Blitzeinschlägen sicher zu sein. **Antwort a) ist richtig!** Und warum ist das so?

Was schützt die Fische vor dem Blitz: das Wrack, die Flasche oder der Pott?

Die Fischlein haben den Blitz überlebt! Herr Boning scheint doch etwas in Sorge gewesen zu sein ...

Das sagt die Wissenschaft

Strom sucht sich immer den Weg des geringsten Widerstands. Süßwasser hat einen spezifischen Widerstand von ca. 30 Ohm, das Metall eines Autowracks jedoch nur einen von 0,098 Ohm. Trifft die vom Blitz erzeugte Spannung nun auf unser Wrack, wirkt dieses wie ein Faraday'scher Käfig. Dieser wurde benannt nach dem englischen Physiker Michael Faraday, der vor über 160 Jahren entdeckte, dass in eine Umhüllung aus Blech oder Maschendraht kein elektrisches Feld eindringen kann. Aus diesem Grund sind auch Insassen von Pkws und Bewohner von Häusern mit Blitzableitern vor Blitzeinschlägen bzw. deren Stromstärken sicher.

Metall ist durch seine schwach gebundenen Elektronen gut leitfähig, dadurch können sich die beweglichen Elektronen als Ladungsträger so anordnen, dass sie ein äußeres Feld abschirmen. Man muss jedoch beachten, dass es sich bei dem Käfig um eine geschlossene Metallkarosserie bzw. einen sehr engmaschigen Käfig handelt, da es sonst passieren kann, dass ein geringer Teil der Spannung durch die Leitfähigkeit des Wassers doch in das Innere des Käfigs gelangt.

Auch wenn der Blitz in ein Gewässer einschlägt, heißt das für einen Fisch nicht unbedingt, dass er gegrillt wird. Die Nemos in Seen und Flüssen sind auch ohne Faraday'schen Käfig relativ gut geschützt. Im Wasser breitet sich der Blitz halbkugelförmig aus. In einer Entfernung von 100 Metern ist er kaum noch gefährlich.

RAUS AUS DEM WASSER

Befindet man sich bei einem Gewitter im Wasser, sollte man sich schnellstmöglich in Sicherheit bringen. Selbst wenn man im Wasser den reinen Blitzeinschlag überlebt und „nur" ohnmächtig wird, besteht die große Gefahr zu ertrinken!

Frage

Welcher Fehler wird in vielen Science-Fiction-Filmen gemacht?

Clever ausprobiert
Schall im All

Was Kinder wissen wollen
Gibt es Wind auf dem Mond?
Was passiert auf dem Mond mit einer Tüte Chips?

Experimente
Der laute Stamm
Die Tischtennisball-Schwingung

Schall im All

Kürzlich haben sich Herr Boning und sein Team einen netten Kinoabend gemacht – aber nicht nur so zum Spaß, sondern um herauszufinden, wie es Hollywood mit der wissenschaftlichen Wahrheit hält.

Clint Eastwood einmal nicht als einsamer Rächer in den Weiten des Wilden Westens, sondern als nicht mehr ganz junger „Space Cowboy“ mit einem ebenso nicht mehr ganz jungen Team im Weltall – sehr sehenswert, dieser Blockbuster, aber irgendetwas scheint mit dem Film nicht zu stimmen. Herr Boning und seine Assistenten haben gleich drei mögliche Fehler ausfindig gemacht. Vielleicht haben Sie den Film ja gesehen und erinnern sich daran. Falls nicht, ist das Folgende trotzdem sehr lesenswert!

Was ist verkehrt?

a) alte Astronauten

Man darf gemäß NASA-Richtlinien nur bis zu einem Alter von 60 Jahren ins Weltall fliegen, ansonsten ist das Gesundheitsrisiko zu hoch.

b) Geräusche im All

Im Weltall ist es mucksmäuschenstill.

c) Astronautenanzüge ohne Versorgungsschlauch zum Shuttle

Es gibt keine Raumanzüge ohne diesen Schlauch.

Die Auflösung

Antwort a) ist völliger Blödsinn! Im Weltall gibt es keine Altersbeschränkung. Der Weltraumpionier John Glenn ist noch im Alter von 77 Jahren um die Erde gekreist. Man muss körperlich die Anforderungen erfüllen, aber diese sind nicht vom Alter abhängig.

Antwort c) ist ebenfalls falsch! Es ist möglich, in einem Anzug ohne Sicherungsleine und Versorgungsschlauch einen Ausflug ins All zu unternehmen. Die Lebenserhaltungssysteme des Raumfahreranzugs sind autark. Allerdings sind die Astronauten im Normalfall an Halteleinen gesichert, um Risiken zu minimieren.

Von wegen Feierabend! Der Kinobesuch diente rein wissenschaftlichen Zwecken!

Sobald die Luft abgesaugt wird, wird's leiser und leiser und leiser ... bis schließlich Weltraumstille herrscht.

Und damit ist klar: **Antwort b) ist richtig.**
Tatsächlich gibt es keinen Schall im All. Geräusche brauchen ein Medium, durch das sie sich fortpflanzen können, also beispielsweise Luft, eine Flüssigkeit oder einen Festkörper. In den Weiten unseres Universums gibt es nichts davon, denn im All herrscht ein Vakuum.

Der Versuch

Mit einem Versuch kann man diese Tatsache ganz einfach beweisen: Man platziere einen Wecker, der klingelt, unter einer Vakuumglocke. Evakuiert man jetzt die Glocke, saugt man also die Luft ab, wird der Wecker immer leiser, bis er schließlich verstummt. Was zu beweisen war: Der Schall braucht ein Medium, durch das er „wandern" kann.

Das sagt die Wissenschaft

Schall ist physikalisch gesehen eine Welle, die sich in Medien wie Luft fortpflanzt. Dabei wird das Medium in Schwingungen versetzt. Ähnlich der Wellen im Wasser, die entstehen, wenn man einen Stein in einen See wirft, wandert auch der Schall in Wellen weiter.
Durch die Luft wandert der Schall mit ungefähr 343 Metern pro Sekunde. Im Wasser kann er sich schneller fortpflanzen, nämlich mit gut 1484 Metern pro Sekunde. Richtig Fahrt nimmt er in Glas auf, dort beträgt die Schallgeschwindigkeit 5300 Meter pro Sekunde.
Im Vakuum gibt es keine oder nur sehr wenige Teilchen, die von Schall in Schwingung versetzt werden können. Aus diesem Grund kann er sich nicht fortpflanzen. Der Untertitel des Films „Alien" lautet: „Im Weltall hört dich keiner schreien" – und das stimmt tatsächlich.

Gibt es Wind auf dem Mond?

Auf dem Mond gibt es keine Luft. Und wo keine Luft ist, kann auch kein Wind sein. Denn Wind ist Luft, die sich bewegt. Auf dem Mond ist es also völlig windstill. Und es gibt auch keinen Regen.
Das hat verschiedene Folgen: Zum einen sieht man heute noch alle Fußabdrücke der Astronauten, die vor über 30 Jahren auf dem Mond waren, auf dem Boden. Denn kein Wind oder Regen kann sie verwischen. Die Fußabdrücke werden auch noch in einer Million Jahren dort zu sehen sein ...
Und eigentlich kann auch keine Flagge wehen. Um ein Bild wie das untere zu erhalten, haben sich die Astronauten einen Trick zunutze gemacht: Sie bauten eine kleine Stange oben an die Fahne und hängten die Flagge daran. Wenn man genau hinschaut, kann man diese Stange erkennen!

Was passiert auf dem Mond mit einer Tüte Chips?

Der Mond hat keine Atmosphäre. Das bedeutet, dass es dort auch keine Luft zum Atmen gibt. Doch in einer Tüte Kartoffelchips ist durchaus Luft – von der Erde. Wenn diese Tüte nun auf den Mond kommt, passiert Folgendes:
Alle kleinen Luftteilchen wollen ganz schnell aus der Tüte hinaus, dorthin wo sie viel, viel mehr Platz haben. Sie drücken von innen gegen die Tüte und RUMMS – die Tüte explodiert und alle Chips fliegen dem Astronauten um die Ohren. Genauer: um seinen Astronautenhelm, den er ja aufhat, weil es auf dem Mond keine Luft zum Atmen gibt!

Experiment

Der laute Stamm

MATERIAL:

- ein abgesägter Baumstamm (zum Beispiel im Wald)

Beim nächsten Waldspaziergang legt einer von euch sein Ohr an ein Ende des Baumstamms. Der andere kratzt oder klopft am anderen Ende.

WAS PASSIERT?

Der Schall wird durch das Holz übertragen. Das Geräusch ist sehr gut am anderen Ende zu hören!

Experiment

Die Tischtennisball-Schwingung

MATERIAL:

- viele Tischtennisbälle (mindestens 5)
- ein Stock
- mehrere ca. 50 cm lange Bindfäden
- Klebeband

Klebe die Fäden an die Tischtennisbälle. Befestige die anderen Enden der Fäden so an dem Stock, dass alle Bälle auf gleicher Höhe nebeneinanderhängen und sich berühren. Ziehe dann den ersten Ball weg und lass ihn gegen die anderen Bälle fallen.

WAS PASSIERT?

Die Kraft des Aufpralls wandert von einem Ball zum anderen. Erst der letzte Ball springt weg. Genauso wandert Schall von einem Luftteilchen zum anderen oder sogar durch eine Tür und wird so übertragen!

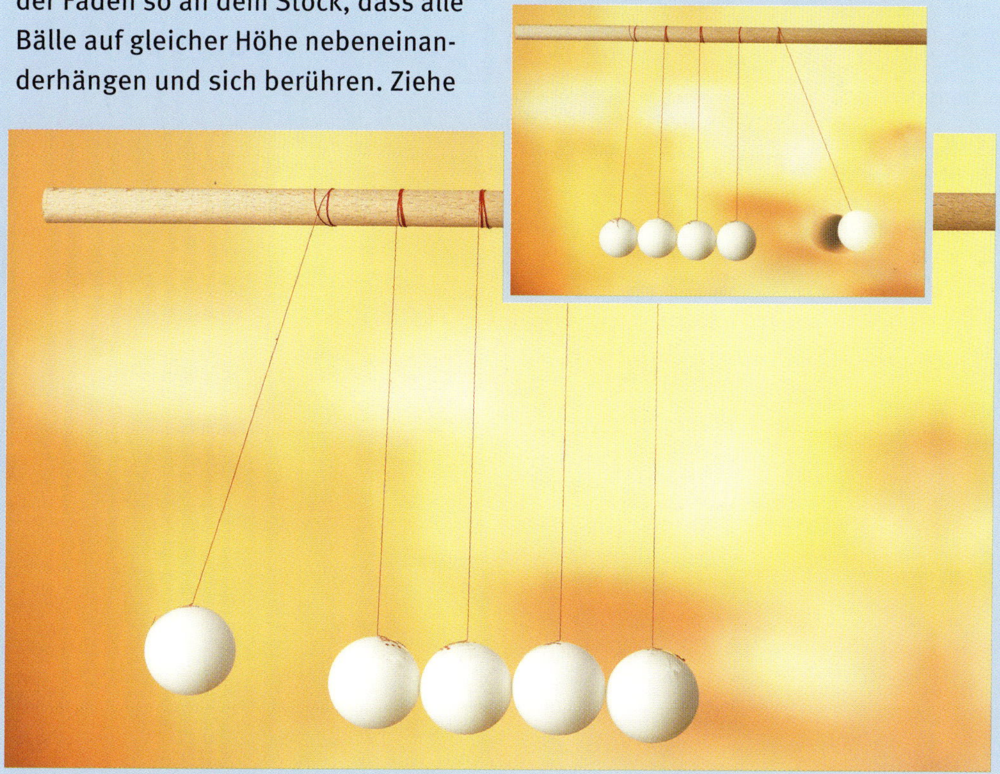

BARBARA ELIGMANN
Journalistin und Moderatorin, ist bekannt u. a. durch das Live-Magazin *Explosiv*. Sie wurde ausgezeichnet mit der Goldenen Kamera und dem Goldenen Löwen. Seit 2004 moderiert sie zusammen mit Wigald Boning *Clever! – Die Show, die Wissen schafft* auf Sat.1.

WIGALD BONING
Moderator und Comedian, ist bekannt u. a. aus *RTL Samstag Nacht*, als Mitglied im Rateteam von *Genial daneben* und als „Erklärer" in *Clever! – Die Show, die Wissen schafft*. Er wurde mit verschiedenen Preisen wie dem Bayerischen Fernsehpreis, dem Goldenen Löwen, dem Adolf-Grimme-Preis, dem Bambi und dem Echo ausgezeichnet.

ULRIKE BERGER
Diplom-Biologin und Diplom-Pädagogin, arbeitet u. a. bei der Kinderzeitschrift *mach mit*. Sie ist Redakteurin und Autorin mehrerer erfolgreicher Kindersachbuch-Reihen, z. B. *Was Kinder wissen wollen* und *Schau, so geht das!*